Bibliografische Information der Deutschen Nationalbibliothek:

Die Deutsche Bibliothek verzeichnet diese Publikation in der Deutschen National-
bibliografie; detaillierte bibliografische Daten sind im Internet über http://dnb.d-
nb.de/ abrufbar.

Impressum:

Copyright © 2012 GRIN Verlag, Open Publishing GmbH
Druck und Bindung: Books on Demand GmbH, Norderstedt Germany
ISBN: 9783668230088

Dieses Buch bei GRIN:

http://www.grin.com/de/e-book/323142/der-schulgarten-entstehung-entwicklung-
und-paedagogische-bedeutung

Sandra Küchlin

Der Schulgarten. Entstehung, Entwicklung und pädagogische Bedeutung

GRIN Verlag

Facharbeit

erstellt im Rahmen der schulischen Ausbildung zur Erzieherin

mit dem Titel:

Der Schulgarten - Entstehung, Entwicklung und pädagogische Bedeutung

---

Vorgelegt von: Sandra Küchlin

am: 16. 04. 2012

Handlungsfeld: Bildung und Entwicklung fördern (Bef) I: Naturwissenschaft

Inhaltsverzeichnis   **Seite**

Einleitung

Wandelnde gesellschaftliche, familiäre und politische Rahmenbedingungen, wie beispielsweise veränderte Wohn- und Familienstrukturen, vermehrte Inanspruchnahme des Erziehungsangebots institutioneller Einrichtungen in der frühen Kindheit oder der zunehmende Einfluss von Medien im Alltag von Kindern und Jugendlichen, haben im Laufe der Jahrhunderte dazu geführt, dass sich Kindheit im ganzheitlichen Sinne verändert hat.

Kinder und Jugendliche werden immer weniger an (alltäglichen) Prozessen beteiligt, wie beispielsweise an der Urproduktion von Lebensmitteln, was sich in einer zunehmenden Abnahme der Alltagskompetenz und des Umweltverständnisses widerspiegelt. Der aktuelle „Jugendreport Natur 2010"[1] verdeutlicht, dass sich Kinder und Jugendliche einerseits in der Natur aufhalten, aber andererseits ein Grundlagenwissen für die Prozesse in der Natur fehlt. Aussagen, wie „Die Kuh ist lila" oder „Walnüsse wachsen an Büschen" belegen dies und machen deutlich, dass nicht nur in Familien, sondern auch in der Elementar- und Schulbildung Handlungsbedarf besteht.

Eine pädagogische Handlungsmöglichkeit ist die Gartenarbeit in Form des Schulgartens. Die vorliegende Facharbeit mit dem Titel „Der Schulgarten - Entstehung, Entwicklung und pädagogische Bedeutung" geht zum einen der Frage nach, was die pädagogische Besonderheit eines Schulgartens ausmacht, um zu verstehen, wie bei Kindern und Jugendlichen ein Verständnis für die Prozesse in der Natur entstehen kann. Des Weiteren geht es um die Frage, in welcher Art und Weise Gartenarbeit im Schulalltag gestaltet sein kann.

Die Arbeit ist in drei aufeinander aufbauende Abschnitte gegliedert. Im ersten Teil geht es um einen kurzen geschichtlichen Rückblick auf die Schulgartenbewegung, damit die Entwicklung der heutigen Ziele des Schulgartens eingeordnet werden können. Um zu untersuchen, wie Kinder und Jugendliche aktiver Teil eines (Natur-)Systems werden und wie praktischer Gartenbauunterricht gestaltet sein kann, wird im zweiten Teil auf den pädagogischen Wert des Schulgartens und Grenzen der Schulgartenarbeit

---

[1] Vgl. BRÄMER 2010

eingegangen. Im dritten Teil werden die ersten beiden Teile in Form eines Praxisbeispiels zusammengeführt. Dabei wird der Schulgarten der Freien Waldorfschule in Heidelberg vorgestellt, der sich in den vergangenen Jahren zu einem pädagogisch vorbildlichen Schulbauernhof entwickelt hat. In der abschließenden Reflexion wird unter persönlichen und fachlichen Aspekten die begleitende Fragestellung der Facharbeit reflektiert und Konsequenzen für den erzieherischen Alltag gezogen.

Da ich mich persönlich und fachlich im Bereich der Umwelterziehung- und Bildung engagiere und ich im nächsten Schuljahr mein Anerkennungsjahr am Schulgarten der Freien Waldorfschule in Heidelberg absolvieren werde, war es mir ein großes Anliegen, dieses Thema vorbereitend bearbeiten zu dürfen.

1 Der Schulgarten

1. 1 Der Begriff des Schulgartens

Der Begriff des Schulgartens wird in der Literatur nicht einheitlich definiert. Nach ALISCH (2008) ist die Definition sehr eng mit der Funktion des Schulgartens verbunden. Entscheidend für das Begriffsverständnis sind die Absicht der pädagogischen Fachkraft[2] und die Einbeziehung des Gartens im Schulgelände.[3]

Zu Beginn des 20. Jahrhunderts hat PFUHL (1910) eine systematische Ordnung von Unterrichtsgärten erstellt, um sich dem Begriff des Schulgartens zu nähern: Schulgarten, Lehrgarten und Pflanzengarten[4]. WINKEL (1997) beschreibt diese Systematik aufgrund ihrer fehlenden Abgrenzbarkeit untereinander als uneindeutig und hat sie unter der Berücksichtigung von gesellschaftlichen und pädagogischen Gesichtspunkten mit folgenden Begriffen überarbeitet[5]:

- „Der Garten für biologisches Anschauungsmaterial"
- „Der Ertragsgarten"
- „Der Garten für gärtnerische Tätigkeit"

- „Garten der Einzelarbeit"
- „Der Garten für Gartenfreunde"
- „Der Schulgarten im Mittelpunkt des Biologieunterrichts"

- „Das Alpinum (der Steingarten)"
- „Die Mauer"
- „Der Heidegarten"

- „Teich (Weiher)"
- „Der Heil- und Küchenkräutergarten"
- „Der Obstgarten"

---

[2] Die weibliche Form ist in der vorliegenden Arbeit in der männlichen Form mit eingeschlossen.
[3] Vgl. ALISCH 2008, S. 12
[4] Vgl. PFUHL 1910 zit. in STEINECKE 1951, S. 8 f.
[5] WINKEL 1997, S. 25-31

- „Der Bauerngarten"
- „Der Garten zum Blumenschneiden"
- „Beete für kleinere Themen"
- „Beete zur Morphologie und Systematik"
- „Beete zur Vererbungs- und Züchtungslehre"

Anzumerken ist, dass die beschriebenen Formen in der Praxis überwiegend als Mischformen angelegt werden und / oder sich diese im Laufe der Zeit zu solchen entwickeln[6]. Diese Strukturierung unterstützt die eingangs genannte Aussage von ALISCH (2008). Ein Schulgarten ist durch unterschiedliche Bestandteile gekennzeichnet, die gleichzeitig zentral oder dezentral zum Schulgelände liegen können[7].

Im folgenden Verlauf wird in wesentlichen Zügen auf die Entstehung und Entwicklung des Schulgartens eingegangen.

1. 2 Die Geschichte des Schulgartens

1. 2. 1 Wegbereiter der Schulgartenbewegung

Vor über **10 000**[8] bis **5000 Jahren** sind Gärten durch den Menschen entstanden. Gärten sind Kulturgüter, die sich im Laufe der Jahre weiterentwickelt haben und in welchen sich die Charakteristik einer Gesellschaft bzw. Kultur widerspiegelt.[9] „Seit Gärten bestehen, müssen sie auch Orte gewesen sein, an denen praxisorientiert gelehrt und gelernt wurde; denn gärtnerisches Wissen und Know-how bedarf der Vermittlung vor Ort."[10]

Im **Mittelalter** sind es die Klöster, die den Garten- und Obstbau pflegen und das Wissen darüber an die Bevölkerung weitergeben. Auch schriftliche Aufzeichnungen über das Anlegen eines Gartens existieren. In diesem Zusammenhang entsteht in

---

[6] Vgl. WINKEL 1997, S. 25
[7] Vgl. ALISCH 2008, S. 16
[8] Vgl. ÖSTERREICHER 2008, S. 168
[9] Vgl. MLR BADEN-WÜRTTEMBERG 2003, S. 9
[10] ebd.

unserem Kulturraum der „streng formal ausgerichtete" Bauerngarten, welcher bis heute die Struktur in vielen Schulgärten prägt. Zu weiteren Wechselbeziehungen zwischen Schule und Garten kommt es erst zu einem späteren Zeitpunkt.[11]

In der **Zeit der Reformation** findet ein starker Umbruch statt, was unter anderem in der Erfindung des Buchdrucks begründet liegt. Dies hat dazu geführt, dass viele Menschen das Lesen und Schreiben erlernt haben. In diesem Zusammenhang kommt die Frage nach der Art und Weise der Wissensvermittlung auf.[12] Der Pädagoge Johann Amos Comenius (1592-1679) setzt sich als erster mit der Methodik des Lernens auseinander[13] und vertritt ein Lernen durch praktische Tätigkeit und Anschauung, was in seinem Hauptwerk der „großen Didaktik" («Didactica magna») deutlich wird[14]. Hierin beschreibt Comenius, dass an jeder Schule ein Garten zur Erholung vorhanden sein sollte, d.h. der Schulgarten steht in dieser Zeit für die Naturbegegnung[15]. Nach WINKEL (1997) entsteht in diesem Zusammenhang im Jahr 1663 in Würzburg der in Anhang I gezeigte Plan eines Schulgartens. Es ist unbekannt, ob dieser praktisch umgesetzt wurde.[16] Das so genannte „Paradeiß-Gärtlein" wird derzeit als der älteste Grundriss eines Schulgartens bezeichnet und war für den Unterricht im Freien konzipiert[17].

Der erste überlieferte Schulgarten in Deutschland entsteht Ende des **17. Jahrhunderts** und wird von August Hermann Francke (1663-1727; Vertreter des Pietismus) in Halle an der Saale angelegt. Nach dem 30-jährigen Krieg findet zum ersten Mal in der Geschichte eine einheitliche Ordnung der Ausbildung von der Schule bis zur Universität statt. Francke nimmt die Ansätze des Pietismus in seinen eigenen Einrichtungen auf. Neben der praktischen Gartenarbeit der Schüler im Schulgarten ist zu dieser Zeit die Untersuchung von Pflanzen oder das Anlegen eines Herbars kennzeichnend.[18]

---

[11] Vgl. MLR BADEN-WÜRTTEMBERG 2003, S. 9
[12] Vgl. WINKEL 1997, S. 9
[13] ebd.
[14] Vgl. BÖCHER 2010, S. 355
[15] Vgl. KARG 1998, S. 24 f.
[16] Vgl. WINKEL 1997, S. 9
[17] Vgl. FURTTENBERG 1663 zit. in FISCHER 1939, S. 32
[18] Vgl. WINKEL 1997, S. 10

Ende des **18. Jahrhunderts** werden in Anstaltsschulen[19] (Internate) bedeutender Philanthropen, wie beispielsweise Christian Gotthilf Salzmann (1744-1811)[20], Schulgärten für Unterrichtszwecke und Beobachtungen[21] angelegt und als wichtiger Teil des Schullebens angesehen[22]. Im allgemeinen Schulwesen findet der Schulgarten jedoch kaum Verbreitung.

1. 2. 2 Erste Phase der Schulgartenbewegung

WINKEL (1997) unterscheidet drei Phasen der Schulgartenentwicklung (in den alten Bundesländern), auf welche im folgenden Verlauf Bezug genommen wird. Zu Beginn des **19. Jahrhunderts**, im Jahr 1814, wird der Schulgarten in der Schulordnung der Herzogtümer Schleswig und Holstein durch die Durchführung der „praktische[n] Anleitung zu Obstbaumzucht und zum Gartenbau"[23] erneut aufgenommen[24]. Auch in Oldenburg findet sich die Anlage von Schulgärten in Gesetzen wieder[25].

Entscheidenden Einfluss hat Mitte des 19. Jahrhunderts der Plan eines Schulgartens für eine Volksschule eines Lehrers (Häußer), welcher in Schwäbisch Hall im Jahr 1856 veröffentlicht wird und anschließend überregionalen Bekanntheitsgrad erreicht[26]. Hierbei wird ein Bauerngarten als Nutzgarten mit dem Obstgartenbau ergänzt[27].

Ende des 19. Jahrhunderts entstehen in Anlehnung an die universitären „Botanischen Gärten" zum einen der „Biologische Schulgarten", auch „deutscher biologischer Schulgarten" genannt, welcher auf der internationalen Gartenbauausstellung in Dresden im Jahr 1896 vorgestellt wird und als Lehr- und Beobachtungsgarten angelegt ist. Dabei ist die Pflege und Bearbeitung des Gartens nicht die primäre Aufgabe der Schüler.[28] Zum anderen entstehen in vielen Großstädten (Berlin, Hamburg, Köln, etc.) „Liefergärten und Ertragsgärten", durch welche andere Schulen zu Unterrichtszwecken

---

[19] Vgl. KARG 1998, S. 25
[20] Vgl. WINKEL 1997, S. 11
[21] Vgl. KILGER 1981, S. 13
[22] Vgl. WINKEL 1997, S. 11
[23] HERBERG 1928 zit. in ebd.
[24] Vgl. WINKEL 1997, S. 11
[25] Vgl. MLR BADEN-WÜRTTEMBERG 2003, S. 9
[26] Vgl. LANGE 1993, S. 28 f.
[27] Vgl. MLR BADEN-WÜRTTEMBERG 2003, S. 10
[28] Vgl. MOZER 1989, S. 8

mit Pflanzenteilen beliefert werden[29]. Nach KARG (1998) ist das 19. Jahrhundert das Jahrhundert des Schulgartens[30].

1. 2. 3 Zweite Phase der Schulgartenbewegung

Zu Beginn des **20. Jahrhunderts** wird im Jahr 1919 die erste Waldorfschule mit einem Schulgarten nach Rudolf Steiner (1861-1925) in Stuttgart gegründet[31] und es kommt von Georg Kerschensteiner (1854-1932; Pädagoge und Schulreformer), die Idee der Arbeitsschule auf, welche auch praktisch umgesetzt wird. Kerschensteiner weist auf das individuelle Potential eines Kindes hin, welches über Küchen- und Gartenarbeit ihre Entfaltung finden kann[32]. In ländlich gelegenen Schulen entsteht der „Arbeitsschulgarten", in welchem die Schüler durch die aktive Gartenarbeit im Sinne einer „Erziehung zur Arbeit und durch die Arbeit" an Werte wie Sorgfalt, Ausdauer und Liebe zur Natur herangeführt werden[33]. Weiterführende Ziele sind „die Verbindung von Kopf- und Handarbeit", „das Erlebnis der Gemeinschaft und [...] der Naturschönheit" sowie die Gesunderhaltung des Kindes[34].

Diesem Schulgartentyp kommt nach dem ersten Weltkrieg (1914-1918) eine besondere Bedeutung zu. Viele „Arbeitsschulgärten" werden aufgrund der knappen Nahrungsmittel zu reinen „Produktionsgärten" umgewandelt, um die Bevölkerung mit Lebensmitteln zu versorgen. Eine weitere wichtige Bedeutung haben in diesem Zusammenhang die „Schülerarbeitsgärten", welche in den „Grüngürteln der Städte" angelegt sind und eine Größe von etwa 15 m^2 umfassen. In diesen sind die Schüler eigenverantwortlich tätig und der Ertrag darf für die Familie mitgenommen werden.[35] Im Zuge der pädagogischen Reformbewegung finden die „Arbeitsschulgärten" in den 1920er Jahren ihren Höhepunkt[36]. Anzumerken ist, dass der Hauptgedanke der ersten Phase, die Bereitstellung von Pflanzenteilen für Schulen zu Unterrichtszwecken im Biologieunterricht, bestehen bleibt[37].

---

[29] Vgl. WINKEL 1997, S. 12 f.
[30] Vgl. KARG 1998, S. 25
[31] Vgl. KIERSCH 2007, S. 12
[32] Vgl. KILGER 1981, S. 16
[33] Vgl. MOZER 1989, S. 9
[34] HERBERG 1928 und TEUSCHER et. al. 1951 zit. in MOZER 1989, S. 9
[35] Vgl. MOZER 1989, S. 9
[36] ebd.
[37] Vgl. WINKEL 1997, S. 20

Ab den Jahr 1933 kommt es zu grundlegenden Änderungen in den Erziehungszielen und damit auch zu einer Veränderung in der Bedeutung des Schulgartens. Dieser wird für nationalistische Zwecke instrumentalisiert. Jeder Schule soll ein Garten als Unterrichtsmittel zur Verfügung stehen.[38]

> *„Der Garten als Unterrichtsmittel ermöglicht [...] durch anschauliche Demonstration ein unmittelbares Begreifen der Grundlagen der Vererbungslehre, auf welche die nationalsozialistische Rassen- und Bevölkerungslehre problemlos aufbauen kann [...]. Die Jugendlichen sollen sowohl den Wert körperlicher Arbeit schätzen lernen, die Eroberung eines Stücks deutschen Bodens durch seine Kultivierung erfahren sowie Anbau, Pflege und Gebrauch bzw. Verwertung der Kulturpflanzen erlernen [...] [und] die Arbeit in organisierten Gruppen, die nach dem Führer-Gefolgschafts-Prinzip im Garten wie im Klassenzimmer funktionieren, einüben"[39].*

Nach Ende des zweiten Weltkriegs entsteht aufgrund der Instrumentalisierung ein negativ geprägtes Bild und führt zu einer Bedeutungsabnahme der Schulgärten, welche sich bis in die 1970er Jahre bemerkbar macht. Verstärkt wird diese Tendenz dadurch, dass in den 1960er Jahren vielmehr die kognitiven Lernziele im Vordergrund stehen, weniger emotionale und sachliche Lernziele. Insgesamt kommt es zu einer Veränderung im Berufsbild und Selbstverständnis des Lehrers. Zudem fehlen allgemein pädagogische Lehrkräfte; die Klassengröße wird erhöht, was sich auf die Arbeitsbelastung des einzelnen Lehrers und zu Ungunsten des Schulgartens wirkt. Des Weiteren werden bei Erweiterungen am Schulgebäude und dem Bau von Parkplätzen freie Flächen verwendet, was in vielen Fällen zu einer Verkleinerung der Schulgartengelände geführt hat.[40]

Abschließend ist zu sagen, dass es bis in die 1980er Jahre kaum Veröffentlichungen zum Thema Schulgarten gibt[41].

---

[38] Vgl. WALDER 2002, S. 356 f.
[39] WALDER 2002, S. 386 f.
[40] Vgl. BIRKENBEIL 1999, S. 12 f.
[41] Vgl. WINKEL 1997, S. 22

1. 2. 4 Dritte Phase der Schulgartenbewegung

In den **1980er Jahren** beginnt im Zuge der Umwelt- bzw. Ökologiebewegung die dritte Phase der Schulgartenbewegung und besteht bis heute[42]. Während der Osten Deutschlands vor der Wiedervereinigung sozialistisch geprägt ist und der Schulgarten für ideologische Zwecke genutzt wird[43], vollzieht sich im Westen aufgrund einer Überbelastung der natürlichen Ressourcen, welche sich u.a. in Wasser-, Luft- und Bodenverschmutzungen zeigt, ein wachsender Wertewandel in der Gesellschaft. Dies hat zur Folge, dass über neue pädagogische Zielsetzungen nachgedacht wird, wobei die stark wissenschaftliche Ausrichtung des Unterrichts in Frage gestellt wird.[44] „Aus dem starken Impuls, keine verwüstete Erde den folgenden Generationen zu hinterlassen, werden an vielen Schulen ökologische Gärten, Biotope und Freilandlaboratorien eingerichtet"[45]. Der Schulgarten wird als „überschaubarer" Anfang einer nachhaltigen Entwicklung gesehen[46].

Nach WINKEL (1997) geht aus der Gartenarbeit der „Ökologieunterricht im Schulgelände"[47] hervor, was von LEHNERT (2002) bestätigt wird. Mit Beginn der **1990er Jahre** wird zunehmend das gesamte Gelände einiger Schulen ökologisch umgestaltet[48].

Die Bedeutung des Schulgartens ist im **21. Jahrhundert** allgemein anerkannt, was sich beispielsweise in den Bildungsplänen der Länder und in der vorhandenen Fachliteratur, der Einführung von Schulgartenwettbewerben oder der Gründung der Bundes-Arbeitsgemeinschaft der Schulgärten widerspiegelt[49]. Anteil daran hat auch die UN-Dekade „Bildung für eine Nachhaltige Entwicklung", welche die Einrichtung und Nutzung von Schulgärten ausdrücklich fordert[50].

---

[42] Vgl. LANGE 1999, S. 6
[43] Vgl. JACOB 2002, S. 11
[44] Vgl. WINKEL 1997, S. 23
[45] Vgl. LANGE 1999, S. 6
[46] Vgl. LANGE 1999, S. 6
[47] Vgl. WINKEL 1997, S. 24
[48] Vgl. LEHNERT 2002, S. 1
[49] Vgl. KLINGENBERG et. al. 2005, S. 2
[50] BUNDESMINISTERIUM FÜR UMWELT 2007 zit. in BENKOWITZ 2005, S. 156

Im Jahr 2005 besitzt im Bundesdurchschnitt jede vierte Schule einen Schulgarten[51]. Eine Besonderheit zeigt sich hierbei an Waldorfschulen: Es findet sich an jeder Schule ein Schulgarten mit dem Fach Gartenbau als fester Bestandteil im Lehrplan wieder, was nach ALISCH (2008) bundesweit an anderen Schulformen nicht nachgewiesen werden kann[52].

Abschließend betrachtet fällt auf, dass vor dem 19. Jahrhundert der Schulgarten im allgemeinen Schulwesen nur eine geringe Bedeutung hat und dass erst im Zuge der Industrialisierung, Mitte des 19. Jahrhunderts, Schulgärten eine weitere Verbreitung finden. In dieser Zeit entstehen viele Arbeitersiedlungen, immer mehr Menschen leben in Städten und Flächen werden versiegelt. Der Bezug zur Natur verschwindet schrittweise. Die Schulgartenbewegung kann als Gegenbewegung dazu gesehen werden. Auf der anderen Seite rücken die Naturwissenschaften in den Vordergrund, diese prägen eher kognitive Lernziele in den Schulen. Erst in den 1980er Jahren steigt die Bedeutung des Schulgartens mit der Ökologiebewegung. Im Vordergrund steht nun eine ökologisch ausgerichtete Gartenpädagogik, welche sich aufgrund der zunehmenden Umweltproblematik weiter verfestigt.

Im folgenden Kapitel wird detaillierter auf den pädagogischen Aspekt Bezug genommen.

2 Pädagogische Bedeutung

2. 1 Erwartungen, Ziele und Motive des Schulgartens

BIRKENBEIL (1999) hat die **Erwartungen und Ziele** des Schulgartens, die sich im Laufe der Jahrhunderte gebildet und weiterentwickelt haben, mit folgenden Stichpunkten zusammengefasst: „Der Schulgarten soll…

- der «Augenweide» dienen
- die Gesundheit fördern

---

[51] Vgl. BUNDESARBEITSGEMEINSCHAFT SCHULGARTEN 2005 zit. in KLINGENBERG et. al. 2005, S.1
[52] Vgl. ALISCH 2008, S. 21 f.

- der Körperschulung dienlich sein
- den Sinn für Sparsamkeit entwickeln
- nützliche Kenntnisse vermitteln
- das Erleben von sinnvoller Arbeit ermöglichen
- das Verantwortungsgefühl stärken
- den Ordnungssinn wecken
- zur Pünktlichkeit erziehen
- der Anschauung im biologischen Unterricht dienen
- den pflegerischen Umgang mit dem Lebendigen und Schwachen fördern"[53].

LANGE (1999) ergänzt diese Aspekte mit folgenden **Motiven** der Schulgartenarbeit:

- „Umwelterziehung
- Praktisch-tätiger Unterricht als Ausgleich zu den kognitiven Fächern
- Erlebnisraum für primäre Begegnungen mit der belebten und unbelebten Natur
- Schöpferische Tätigkeit und pflegende Verantwortung erleben und üben
- Wahrnehmungsschulung um das Defizit an direktem Erleben auszugleichen
- Kenntnisse der Gartenarbeit und Herkunft der Nahrungsmittel als Allgemeinbildung
- Soziale Motive - gemeinsame Arbeit - Schulgarten als «Soziotop»
- Querbeziehungen zu anderen Fächern und Lebensgebieten
- Motivationsförderung"[54].

Im folgenden Verlauf wird aus erzieherischer Sicht auf **vier ausgewählte pädagogische Aspekte** eingegangen. Es ist vorab anzumerken, dass sich die einzelnen Aspekte gegenseitig bedingen und / oder ergänzen.

Beteiligung an (Arbeits-)Prozessen

Der Schulgarten schafft Situationen im Alltag, in welchen die Schüler „durch eigene Tätigkeit und unmittelbare Beobachtung sinnvoll aufeinander bauende, tatsachenlogisch miteinander verknüpfende Verrichtungen lernen"[55] und damit vernetzte Zusammen-

---

[53] BIRKENBEIL 1999, S. 12
[54] LANGE 1999, S. 6
[55] PATZLAFF et al. 2007, S. 21

hänge deutlich werden sowie eine Beziehung mit wertschätzender Verantwortung entstehen kann[56]. In Bezug auf pflanzliche und tierische Lebensmittel wird den Schülern vermittelt, dass diese nicht im Supermarkt wachsen, sondern vielmehr in einem Prozess entstehen und sie selbst in diesem wirken, wobei die Schüler in diesem Zusammenhang Verantwortungsbewusstsein, Sauberkeit, Ordnung und Zuverlässigkeit lernen und positive Erfahrungen in der Gemeinschaft und mit den Tieren erfahren[57].

Fächerübergreifende Nutzung

Das Ergebnis einer landesweiten Befragung von ALISCH (2008) zum Grad der Einbeziehung von Schulgärten in die Unterrichtsfächer in Baden-Württemberg zeigt, dass der Schulgarten primär in Schulgarten-AGs viel genutzt wird und in den Fächern Heimat- und Sachunterricht sowie Biologie mäßig einbezogen wird.[58] Dass der Schulgarten nicht nur für Unterrichtszwecke in der genannten Organisationsform und den genannten Fächern geeignet sein kann, sondern interdiszipinäre Verbindungen geschaffen werden können, zeigt BIRKENBEIL (1999) auf. Für den Kunstunterricht liefert der Schulgarten beispielsweise Möglichkeiten der Beobachtung und Motive zum Plastizieren oder für bildliche Darstellungen.[59] Im Fach Deutsch kann eine Verbindung in der Interpretation von Naturgedichten liegen: Wie wird die Natur in der Lyrik dargestellt, wie sieht die Realität aus?[60]. Als weitere Bespiele sind die Durchführung eines Vermessungspraktikums denkbar, welches im Rahmen des Mathematik- oder Geographieunterrichts durchgeführt werden kann oder die Anlage eines Klanggartens im Rahmen des Musikunterrichts.

Ganzheitliche Gesundheitsförderung - Resilienz

ÖSTERREICHER (2008) bezeichnet den Garten als „Spiegel der Seele", da der direkte Kontakt des Menschen (sowohl des Kindes als auch des Erwachsenen) mit der Natur

---

[56] Vgl. WILKEN 2002, S. 12
[57] Vgl. FREIE WALDORFSCHULE HEIDELBERG 2010, S. 12
[58] Vgl. ALISCH 2008, S. 55
[59] Vgl. BIRKENBEIL 1999, S. 154 f.
[60] ebd., S. 172 f.

gleichzeitig mit einer Begleitung von Veränderungen einhergeht, welche physische und psychische Zustände und Prozesse beeinflussen[61]:

> *„Der enge Kontakt zu Erde und Pflanzen, eine intensivere Wahrnehmung jahreszeitlicher Abläufe und das unmittelbare Erleben von Wachstum und Vergehen schenken emotionale Stabilität, Sicherheit und Ruhe - Wirkungen, die sowohl auf das Tun als auch [auf] die Möglichkeiten von Beobachtung und Betrachtung zurückzuführen sind"[62].*

Der Garten als Rückzugsmöglichkeit vom alltäglichen Schulgeschehen bietet Erholung, welche einen positiven Einfluss auf die Resilienzbildung des jungen Menschen hat[63]. Mit Resilienz wird die psychische Widerstandkraft des Menschen bezeichnet, die ihn dazu befähigt, mit schwierigen Lebenssituationen umzugehen und selbst nach Lösungsmöglichkeiten zu suchen[64].

Umwelterziehung

Nach BIRKENBEIL (1999) ist das wesentliche Ziel der Umwelterziehung, dass der Mensch dazu in die Lage versetzt wird, verantwortlich mit der Natur, den Naturgütern und der Technik umzugehen. Es ist sinnvoll, in diesem Zusammenhang bereits im Grundschulalter eine positive Beziehung zu fördern, Interesse für die Natur zu wecken sowie Möglichkeiten zu geben, die Natur zu erkunden und Erfahrungen zu sammeln[65]. Nach SCHENK (2010) haben Untersuchungen belegt, dass bereits Kinder bis zum 12. Lebensjahr sich der Umweltprobleme bewusst sind und Zukunftsängste entwickeln[66]. Es geht folglich um eine elementare Grundlagenarbeit, die einen weitreichenden Einfluss auf das umweltgerechte Verhalten bis in das hohe Lebensalter hat[67]. Indem die Schüler im Schulgarten über die Jahreszeiten hinweg einen Prozess des „Werdens, Erntens, Vergehens und Neubeginns"[68] erfahren und diesen reflektieren können, wird eine positive Beziehung zur Natur gefördert, welche in Situationen des

---

[61] Vgl. ÖSTERREICHER 2008, S. 170
[62] ÖSTERREICHER 2008, S. 170
[63] Vgl. ebd., S. 171
[64] Vgl. LANG 2011, S. 34
[65] Vgl. BIRKENBEIL 1999, S. 9
[66] Vgl. SCHENK 2010, S. 11
[67] Vgl. BIRKENBEIL 1999, S. 9 f.
[68] Vgl. WILKEN 2003, S. 13

alltäglichen Lebens übertragen werden kann[69]. WINKEL (2003) geht einen Schritt weiter, indem er sagt, dass eine positive „Umwelt-Bildung" mit der Entwicklung eines positiven Bildes von der Welt gleichzusetzen ist[70]. Dabei steht im Vordergrund, dass sich die Schüler „ein Bild von der Welt machen", weniger die „Überbetonung [...] des verstandesgemäßen Wissens und Denkens"[71].

2. 2 Methodisch-didaktische Umsetzung

Im vorhergehenden Kapitel wurden die Erwartungen, Motive und Zielsetzungen des Schulgartens aufgeführt und teilweise erläutert. Die Frage ist nun, wie diese Zielsetzungen methodisch-didaktisch im Schulalltag umgesetzt werden können.

Hierzu wurde eine Zusammenstellung geeigneter schulgärtnerischer Themen nach Schularten und Klassen von LEHNERT (2004) durchgeführt. Grundlage hierfür sind die Bildungspläne des Landes Baden-Württemberg aus dem Jahr 2004/2005. Auffällig ist, dass lediglich im Bildungsplan der Realschule für die Klassestufen 5 bis 7 im Fächerverbund Naturwissenschaftliches Arbeiten (Biologie, Chemie, Physik) der Schulgarten explizit erwähnt ist[72]. Dennoch besteht in allen Schularten immer die Möglichkeit, den Kompetenzerwerb mit Hilfe des Schulgartens zu erreichen. Dies liegt im Ermessen der Schulleitung (insbesondere über die Gestaltung des Schulcurriculums) und des Lehrers.

Die zu bearbeitenden Themen sind altersabhängig, da jedes Alter durch einen bestimmten Entwicklungsstand gekennzeichnet ist, unterschiedliche Interessen der Schüler vorherrschen und jede Klassenstufe unterschiedliche Schwerpunkte hat. WINKEL (1997) hat eine umfassende Charakteristik erstellt, in welcher mögliche Tätigkeitsschwerpunkte im Gartenbauunterricht nach einzelnen Altersstufen aufgeführt sind. Die folgende Tabelle (Tab. 1: Schulgartenarbeit nach Altersstufe) auf Seite 17 und 18 beschreibt wesentliche Aspekte.[73]

---

[69] Vgl. BIRKENBEIL 1999, S. 10
[70] Vgl. WILKEN 2003, S. 11
[71] ebd., S. 12
[72] Vgl. LEHNERT 2004, S. 7
[73] Vgl. WINKEL 1997, S. 55 fff.

Charakteristik der Altersstufe	*Tätigkeitsschwerpunkte*
Vorschule - geringe Körperkräfte - spielerisches Verhalten - geringe Ausdauer - Realitätsdenken entwickelt sich	- Arbeit ohne Leistungsauftrag - Zuneigung zur Natur wecken - Ängste vor Tieren abbauen
Klasse 1 und 2 - Körperkräfte sind gewachsen (reichen für leichte Arbeiten). - Erfahrungen und Erlebnisse, die aus dem Spiel hervorgehen, stehen im Vordergrund. - Gebrauchswert der Dinge ist wichtig, weniger die Funktion. - „Besitz" spielt eine immer größere Rolle. - Frage nach der Essbarkeit einer Pflanze wird wichtig.	- Erste Arbeitsaufgaben können gestellt werden. - Hoher Stellenwert: Prozess begleiten; von der Aussaat über das Wachstum, die Ernte und den Verzehr - Etwas für die Gemeinschaft tun. - Das gesamte Schulgelände kennenlernen. - Inhalte sind weniger wichtig, dafür mehr die „Aufarbeitung eigener Entdeckungen". - Jahreszeitenerlebnis
Klasse 3 und 4 - „Welteroberung" - Wachsende körperliche Leistungsfähigkeit - Realistische Sichtweise entwickelt sich; eigenständiges Handeln - Interesse an eigener Tätigkeit - Vorbildfunktion des Lehrers	- Ab Klasse 4: Verantwortung für eigenes *kleines* Beet übertragen - Kleinere Experimente - Erfahrung von Zeitabläufen ermöglichen-> optimal: Garten als eigenständiges Fach

Klasse 5 und 6	
- Starke Entwicklungsschübe - „Robinson-Alter"-> Interesse an Abenteuern, Techniken - Lehrer wird zunehmend stärker mit Kritik konfrontiert - Schulunterricht -> Fachunterricht	- Erlernen von gärtnerischen Grundlagen - Wichtig: Selbsterfahrung - Anlage: „eigenes Beet" - Entwicklung von Vorlieben und Abneigungen -> prägend für weitere Beziehung Mensch – Natur - Interesse: einfache Experimente, Erlernen von Pflanzennamen
Klasse 7 und 8	
- Körperkräfte mit denen eines Erwachsenen zu vergleichen - Starke Abnahme am Schulinteresse	- Arbeitsökonomische Fragen können/ sollten im Mittelpunkt stehen. - Bauprojekte durchführen - Beginn mit ökologischen Experimenten
Klasse 9 und 10	
- Hohe körperliche Arbeitsfähigkeit - Persönliche Interessensrichtungen prägen sich aus - Theorieanteil des Unterrichts steigt	- Weiterführende ökologische Experimente - Gezielter Artenschutz (Probleme können erst jetzt verstanden werden -> kritische Hinterfragung) - «Patenbiotop» oder «Freilandlabor» außerhalb des Schulgeländes anlegen.
ab Klasse 11	
- „mündiger" Schüler - Wahl von Schwerpunkten	- „Schulgarten verliert als Stätte körperlicher Arbeit an Bedeutung" - Nutzung für spezifische Fragestellungen -> ökologische Experimente - Weiterführung: Artenschutz

Tab. 1: Schulgartenarbeit nach Altersstufe (eigene Darstellung)

2. 3 Grenzen der Schulgartenarbeit und Zukunftsprognose

Die Potentiale von Schulgartenarbeit sind nach LEHNERT (2002) bekannt, werden aber zum einen wegen organisatorischer Gründe nicht genutzt. Dies meint, dass es i.d.R. an vielen Schulen einen „starren 45-Minuten-Takt" gibt, welcher für eine Gartenbaustunde zu kurz ist, und dass es teilweise unmöglich ist, große Klassen zu teilen. Zum anderen fehlt es den Lehrern an Kompetenzen, d.h. es besteht keine oder nur geringe Erfahrung im Bereich Gartenbau, was zu Unsicherheiten führt. Des Weiteren fehlt zum Teil die Unterstützung seitens des Kollegiums und der Schulleitung, was sich u.a. darin zeigt, dass die Stunden für eine Garten-AG nicht im Deputat enthalten sind. Trotzdem sieht LEHNERT (2002) für die Zukunft einen Bedeutungszuwachs, da die oben genannten hemmenden Faktoren zu bewältigen seien und die Voraussetzungen für die Einrichtung von Schulgärten bundesweit gegeben sind.[74]

Zusammenfassend lässt sich sagen, dass die pädagogische Bedeutung des Schulgartens vielfältig ist. Sie reicht von der Unterstützung des Biologieunterrichts über die Förderung des Umgangs mit der Natur bis zu einer ganzheitlichen Gesundheitsförderung der Schüler. Deutlich geworden ist, dass die Schulgartenarbeit sehr unterschiedliche Gestaltungsformen aufzeigt, welche in Abhängigkeit zum jeweiligen Lebensalter stehen. Anknüpfungspunkte an die Baden-Württembergischen Bildungspläne sind in großem Maße vorhanden. Die Auswahl und die Art und Weise der Umsetzung hängt jedoch von der gesamten Schulgemeinschaft ab. Ohne die Akzeptanz bei derselben stößt das Konzept des Schulgartens sehr schnell an seine Grenzen.

Im folgenden Kapitel wird am Beispiel des Schulgartens an der Freien Waldorfschule Heidelberg der bisher theoretisch gehaltene Teil veranschaulicht.

---

[74] Vgl. LEHNERT 2002, S. 2

3 Praxisbeispiel

3. 1 Der Schulgarten an der Freien Waldorfschule Heidelberg

Die Freie Waldorfschule Heidelberg besteht seit 30 Jahren und wird derzeit von rund 470 Schülern besucht, wobei das Kollegium etwa 60 Mitarbeiter umfasst. Das Leitbild der Schule orientiert sich an der Pädagogik Rudolf Steiners (1861-1925), der Waldorfpädagogik. Sie ist eine staatlich anerkannte (Gesamt-)Schule in freier Trägerschaft, dessen Schulprofil einer „teilgebundenen" Ganztagsschule entspricht. Es können folgende Abschlüsse erreicht werden: Haupt- und Realschulabschluss, Fachhochschulreife und die Allgemeine Hochschulreife. Der Träger der Schule ist der Waldorfschulverein Heidelberg e.V., daran angeschlossen sind ein Kindergarten und eine Kinderkrippe. 60 Prozent der laufenden Kosten werden über Zuschüsse des Landes Baden-Württemberg gedeckt, 40 Prozent wird von Spenden und Elternbeiträgen getragen.[75]

Eine Besonderheit der Waldorfschule ist die pädagogische Gestaltung und Nutzung des Schulgartens. Der Schulgarten besteht seit dem Jahr 1986[76]. Nach einer fünfjährigen Besetzungspause der Gartenbaulehrerstelle[77] ist das Gartenkonzept im Jahr 1999 vom derzeitigen Gartenbaulehrer (A. Lehmann) grundlegend überarbeitet und neu gestaltet worden[78]. Die Umstrukturierung beinhaltete die Erweiterung der Gartenpädagogik um den Aspekt der „tiergestützten Pädagogik", damit ein Gesamtorganismus von Boden, Mensch, Natur und Tier im Sinne einer biologisch-dynamischen Landwirtschaft nach Steiner geschaffen werden konnte[79]. Im Jahr 2000 hat der Schulgarten den ersten Preis des Schulgartenwettbewerbes des Landes Baden Württemberg „Gärtnern macht Schule" gewonnen[80].

Inzwischen ist der Schulgarten in „Arche-Hof an der Freien Waldorfschule Heidelberg" umbenannt, da die Waldorfschule im Jahr 2008 von der Gesellschaft zur Erhaltung gefährdeter Haustierrassen e.V. (GEH) die Anerkennung als Arche-Schulbauernhof

---

[75] Vgl. FREIE WALDORFSCHULE HEIDELBERG 2010, S. 2 f.
[76] Vgl. KAISER 2003, S. 81
[77] Vgl. LEHMANN 2012, S. 1
[78] Vgl. KAISER 2003, S. 81
[79] Vgl. LEHMANN 2012, S. 1 f.
[80] Vgl. KAISER 2012, S. 2 f.

erhalten hat. Derzeit sind folgende Tiere vorhanden: Bunte Bentheimer Schweine, Coburger Fuchsschafe, Diepholzer Weidegänse, Lakenfelder Hühner, Bienenvölker, Japanische Laufenten, Katzen und Westfälische Totleger-Hühner.[81]

Im pädagogischen Alltag werden die Schüler im Gartenbauunterricht von zwei Gartenbaulehrern (mit landwirtschaftlichem Hintergrund) und wechselnden Praktikanten aus unterschiedlichen Bereichen (Erzieher- und Lehrerausbildung) betreut. Zudem gibt es einen Arche-Hofkreis, bestehend aus Eltern und Lehrern der Schule sowie zwei geringfügig Beschäftigte, welche sich regelmäßig an anfallenden Arbeiten beteiligen.

3. 2 Gestaltung des Schulgartengeländes

Das Schulgartengelände umfasst eine Fläche von insgesamt rund 10 000 m^2. Die Gesamtfläche setzt sich zusammen aus einer Obstbaumwiese mit rund 3 000 m^2 und aus der Fläche des eigentlichen Schulgartens. Im Herbst 2013 wird der Schulgarten um eine angrenzende 21 525 m^2 große Ackerfläche erweitert.[82] Der Schulgarten ist durch die Verbindung von zentral zum Schulgelände liegenden Elementen gekennzeichnet: Ertragsgarten, Garten für gärtnerische Tätigkeit, Garten der Einzelarbeit, Teich, Obstgarten und Garten zum Blumenschneiden. Einen Lageplan, Grundriss und veranschaulichende Bilder finden sich in Anhang II bis I .

Der Schulgarten hat zum einen drei feststehende Stallgebäude zur Unterbringung der Tiere, und zum anderen ein Brunnenhaus (mit Grundwasseranschluss) und ein Werkzeughaus (Kelterhaus), in welchem u.a. folgende Grundausstattung vorhanden ist: Hacken mit Zinke und Blatt, kleine Handhacken, Rechen, Laubrechen, Grabgabeln, Mistgabeln, Spaten, Sensen, Sägen, Eimer, Handschuhe, Schnüre. Des Weiteren gibt es einen Komposthaufen und eine Unterstellmöglichkeit für einen Traktor mit den dazugehörenden Geräten. Zudem ist ein ausgebauter Bauwagen vorhanden, welcher für witterungsbedingte Pausen während der Unterrichtszeit dient.[83] Zentraler Arbeitsort im Schulgarten ist ein geviertelter Acker, welcher in einem jährlich wechselnden System

---

[81] Vgl. LEHMANN 2012, S. 1 f.
[82] ebd.
[83] ebd.

seine Funktion verändert. Das erste Beet dient als Weidefläche für die Schweine. Diese düngen über ihre Ausscheidungen den Boden. Das zweite und dritte Beet wird als Fläche für rund 80 Schülerbeete verwendet, sowie für Erdbeerfelder und Blumenbeete. Das vierte Beet wird für die Gartenbauepoche der dritten Klasse genutzt, in welchem Kartoffeln oder Getreide gepflanzt, beobachtet und geerntet werden. Diese Aufteilung wechselt, damit der Boden nicht an Nährstoffen verarmt.[84] Auf dem Schulgelände befindet sich eine Werkstatt mit weiteren Werkzeugen und Materialien für den Gartenbauunterricht und dient zeitweise als Unterrichtsraum.

3. 3 Pädagogisches Konzept

Das Fach Gartenbau gehört an den Waldorfschulen zu den Fächern, bei welchen die Aussagen von Steiner am wenigsten dokumentiert sind. Zwar geben diese einen gewissen Rahmen vor, was jedoch im Laufe der Jahre dazu geführt hat, dass der Gartenbauunterricht an jeder Waldorfschule anders gestaltet ist. Dies bedeutet in der Praxis eine gewisse Freiheit, die Orientierung insgesamt ist dagegen schwierig. In diesem Zusammenhang ist Ende des 20. Jahrhunderts eine Sammlung von Beiträgen einiger Mitglieder des Arbeitskreises der Gartenlehrer entstanden. Darin enthalten sind u.a. Aussagen von Steiner zur Gartenarbeit, Motive und Ziele des Gartenbauunterrichts nach Klassenstufe geordnet und fachpraktische Anleitungen.[85] Für die Gartenbaulehrer der Waldorfschule Heidelberg haben diese richtungsweisenden Charakter. Die übergeordnete pädagogische Zielsetzung ist, dass „junge Menschen die Möglichkeit haben, aktiv-tätig zu werden und sich ein Können und Wissen zu erwerben, um reale Verantwortung für Pflanzen, Tiere und Menschen zu übernehmen"[86].

Im folgenden Verlauf wird die allgemeine Gestaltung des Gartenbauunterrichts (nach Klassenstufe) und der integrierten Tierpflege beschrieben: Jeden Morgen beginnen die Schüler der ersten bis dritten Klasse in wechselnden Gruppen, die Tiere zu füttern. Dabei ist die erste Klasse für die Versorgung der Hühner zuständig, die zweite Klasse für die Versorgung der Schweine und die dritte Klasse für die Anleitung der ersten und zweiten Klasse. Im Rahmen der Nachmittagsbetreuung gibt es an drei Tagen in der

---

[84] Vgl. LEHMANN in KAISER 2003, S. 34 f.
[85] Vgl. LANGE 1993, S. 1f.
[86] ARCHE-HOFKREIS 2012, S. 2

Woche eine ergänzende Möglichkeit für Schüler der ersten bis zur siebten Klasse, an Tierpflegekursen teilzunehmen.

Ab der fünften Klasse beginnt jährlich nach den Fasnachtsferien der reguläre Gartenbauunterricht. In der fünften Klasse werden „einfachere" anfallende Arbeiten bewältigt, beispielsweise die Pflege der Nistkästen oder das Ausmisten eines Stalles.

Jeder Schüler der sechsten und siebten Klasse betreut im Jahresverlauf sein eigenes Schulgartenbeet, d.h. das Beet wird von vorbereitenden Maßnahmen über das Säen, Wachsen und Ernten bearbeitet und gepflegt. Jeden Freitag wird Brot im Holzbackofen gebacken. In diesem Prozess sind in wechselnden Gruppen einzelne Schüler der siebten Klasse involviert.

Die achte Klasse führt anfallende Arbeiten durch, die etwas schwieriger sind (z.B. Holz hacken, Reisig schneiden und bündeln) und beendet den Gartenbauunterricht nach einer Projektwoche im Garten nach den Osterferien. In den Klassen 8 und 12 gibt es die Möglichkeit, Themen für die Jahresarbeit aus dem Bereich Gartenbau zu wählen.[87] Zudem gibt es in allen Klassen jährlich wiederkehrende Projekte, wie Sauerkraut und Kräutersalz herstellen, Adventskränze binden, Apfelsaft pressen[88].

Anzumerken ist, dass sich die Unterrichtsinhalte für das Fach Gartenbau am jahreszeitlichen Verlauf orientieren, d.h. weniger an den individuellen Interessen der Schüler. Wie in der obigen Beschreibung zu erkennen ist, steht die Gartenarbeit als solches im Vordergrund, jedoch gibt es an vielen Stellen eine ineinander übergehende Verbindung mit dem tierpädagogischen Bereich.

3. 4 Ablauf einer „typischen" Unterrichtsstunde

Es stellt sich die Frage, wie der Gartenbauunterricht im Schulalltag praktisch umgesetzt wird. Im folgenden Verlauf wird der Ablauf einer Doppelstunde (90 Minuten) in der achten Klasse an einem Donnerstag exemplarisch beschrieben. An diesem Tag bin ich

---

[87] Vgl. ARCHE-HOFKREIS 2011, S. 5
[88] Vgl. LEHMANN 2012, S. 2

selbst als Tagespraktikantin anwesend. Ein Drittel der Schüler ist im Werkunterricht, ein weiteres Drittel im Handarbeitsunterricht.

Der Unterricht beginnt um 8:00 Uhr und endet um 9:30 Uhr. Fast alle Schüler treffen pünktlich in der Werkstatt ein und der Gartenbaulehrer A. Lehmann eröffnet die Stunde mit seiner Begrüßung. Um fünf nach acht Uhr sind alle Schüler anwesend. Herr Lehmann stellt die anfallenden Aufgaben vor: Die Vorbereitung eines Schülerbeetes mit vier Schülern (Abmessen des Beetes, Laub rechen und Lockerung der Erde) sowie das Spalten von Holz für den Holzbackofen mit vier Schülern und das Reparieren von Nistkästen mit drei Schülern.

Im Anschluss daran dürfen sich die Schüler in Gruppen einteilen und auswählen, für welche Aufgabe sie verantwortlich sind. Herr Lehmann weist mir die Gruppe mit der Aufgabe der Beetvorbereitung zu. Außer der Gruppe, die für die Nistkastenreparatur zuständig ist, gehen alle Gruppen zum Schulgartengelände. Herr Lehmann bespricht in der Werkstatt die Vorgehensweise und geht im Anschluss daran zum Schulgarten. Es folgen zwei weitere Einführungen. Ich selbst begleite „meine" Gruppe zum Schulgartengelände und beginne mit einer Einführung zur Beetvorbereitung (Erklären der Aufgabe, Vorgehensweise und notwendigen Arbeitswerkzeuge). Die Schüler holen das Werkzeug und wir beginnen gemeinsam.

Um 8:40 Uhr treffen im Rahmen der morgendlichen Tierpflege die ersten Schüler der ersten und zweiten Klasse ein. Eine Gruppe mit drei Krippenkindern und einer Erzieherin bringen zwei Eimer mit Essensresten für die Schweine vorbei. Die Enten, Gänse und Hühner werden aus dem Stall gelassen, die Lautstärke im Garten steigt. Es ist kurz vor 9:00 Uhr, die dritte Klasse trifft gemeinsam mit dem Klassenlehrer ein. Die Klasse hat vor, die Erde auf dem Weizenfeld zu lockern. Herr Lehmann organisiert die benötigten Werkzeuge. Bis 9:10 Uhr arbeiten fast alle Schüler der achten Klasse motiviert mit. Einige Schülerinnen beginnen zu kichern und es bricht langsam Ungeduld und Unruhe aus. Um 9:20 Uhr sind alle Aufgaben erledigt und die Gruppen beginnen die verwendeten Werkzeuge aufzuräumen. Die Unterrichtseinheit ist zu Ende. Nach 30 Minuten Pause beginnt der Unterricht für die fünfte Klasse.

3. 5 Zukünftige Entwicklung

Mit der Erweiterung des Schulgartengeländes um eine neue Ackerfläche wird sich der Schulgarten bzw. Schulbauernhof insgesamt verändern. In den kommenden vier Jahren ist folgendes geplant: die Intensivierung des Gemüseanbaus (zur Selbstversorgung der Schulmensa), der Bau eines Erdkellers zur Lagerung der Ernte, der Bau eines weiteren Stallgebäudes, eines Gewächshauses und eines grünen Klassenzimmers mit Küche und sanitären Anlagen für Unterrichtszwecke. Zudem beginnt ab September 2012 eine Kooperation mit einer heilpädagogischen Schule. Von dieser Schule kommen in regelmäßigen Abständen Schüler als Tages- und Wochenpraktikanten an die Waldorfschule und werden in den Hof- bzw. Gartenalltag mit integriert.[89]

Abschließend ist an diesem Praxisbeispiel zu sehen, dass die Schüler an einem ganzheitlichen Prozess beteiligt werden und dadurch Alltagskompetenzen und ein grundlegendes Verständnis für natürliche Abläufe entstehen können. Dabei werden die Schüler im Laufe der Schuljahre ihren kognitiven und körperlichen Fähigkeiten entsprechend an (Garten-)Tätigkeiten herangeführt, damit keine Über- oder Unterforderung stattfindet und das Interesse an der Gartenarbeit und an der Natur nicht verloren geht. Die Einbeziehung von Tieren schließt den Kreislauf eines Gesamtorganismus und bietet die Möglichkeit „real" Erlerntes auf eigene Lebenssituationen- und Prozesse zu übertragen.

Des Weiteren wird deutlich, in welcher Art und Weise sich ein Schulgarten im Laufe der Jahrzehnte entwickeln kann, vom „kleinen" Schulgartengelände für die Durchführung des regulären Gartenbaubauunterrichts hin zu einem Schulbauernhof mit integrativem Ansatz. Damit verbunden ist immer wieder die Veränderung der pädagogischen Zielsetzungen.

Die organisatorischen Herausforderungen werden an dieser Schule gut gelöst, da das Fach Gartenbau fest im Lehrplan verankert ist und zwei ausgebildete Gartenbaulehrer für dieses Fach eingestellt sind. Zudem ist die Unterstützung der Schulgemeinschaft vorhanden.

---

[89] Vgl. LEHMANN 2012, S. 3 f.

4 Schlussfolgerung

Die Themenwahl der Facharbeit und die zu bearbeitende Fragestellung haben sich vor dem Hintergrund eines mangelnden Naturverständnisses und schwindender Alltagskompetenz von Kindern und Jugendlichen im 21. Jahrhundert gebildet. Im Mittelpunkt standen zum einen die Frage, was die pädagogische Besonderheit eines Schulgartens ausmacht, um zu verstehen, wie bei Kindern und Jugendlichen ein Verständnis für die Prozesse in der Natur entstehen kann. Und zum anderen ging es um die Fragestellung, in welcher Art und Weise Gartenarbeit im Schulalltag gestaltet sein kann.

Die Analyse der geschichtlichen Entwicklung hat ergeben, dass der Schulgarten ab dem 19. Jahrhundert zunehmend an Bedeutung gewonnen hat und Mitte des 20. Jahrhunderts nach dem zweiten Weltkrieg einen Tiefpunkt erreicht, der bis in die 1970er Jahre andauert. Erst mit Beginn der 80er Jahre, ausgelöst durch die „Ökologiebewegung", ist der pädagogische Stellenwert wieder gewachsen. Im Vordergrund steht seither eine ökologisch ausgerichtete Gartenpädagogik, welche sich aufgrund der zunehmenden Umweltproblematik im 21. Jahrhundert weiter verfestigt. Der Schulgarten hat sich jedoch nicht an allen Schularten durchgesetzt. Die pädagogische Seite des Schulgartens macht deutlich, dass es unterschiedliche Ziele, Motive und Erwartungen des Schulgartens gibt, was zur Folge hat, dass die Möglichkeiten breit gefächert sind, um umweltbildnerisch tätig zu sein bzw. zu werden. Es hat sich gezeigt, dass Kinder und Jugendliche im Schulgarten mit allen Sinnen erleben können, dass sie durch sinnvolle Tätigkeiten selbst Teil eines Systems sind und / oder werden. Offen bleibt, aufgrund mangelnder Forschungsprojekte, welchen messbaren Einfluss der Schulgarten tatsächlich auf das Naturverständnis hat. Der Schulgarten an der Waldorfschule Heidelberg ist ein ideales Beispiel, um aufzuzeigen, dass es an einer Schule prinzipiell möglich ist, einen Schulgarten in den Schulalltag zu integrieren. Vorraussetzungen dafür sind organisatorischer Art, die feste Verankerung im Lehrplan und die gemeinschaftliche Wertschätzung seitens der Schulgemeinschaft.

Es lässt sich zusammenfassend sagen, dass der Schulgarten ein großes Potential hat, um Kindern und Jugendlichen ein grundlegendes Verständnis für die Vorgänge in ihrer Umwelt zu vermitteln. Dieses ist derzeit bei Weitem nicht ausgeschöpft. Deutlich wird dies dadurch, dass bundesweit nur an Waldorfschulen Schulgärten bestehen und dass an diesem Schultyp das Fach Gartenbau eine feste Verankerung im schuleigenen Lehrplan darstellt. Der Unterricht wird von ausgebildeten Fachlehrern gegeben. (Im Vergleich hierzu sind die Bildungspläne des Landes Baden-Württemberg (2004) zu nennen, in welchem lediglich an einer einzigen Stelle der Schulgarten als didaktisch-methodische Möglichkeit genannt wird.) Hintergrund ist zum einen die Waldorfpädagogik. Diese ist Teil der Weltanschauung Steiners, der Anthroposophie. Ziel ist eine ganzheitliche Sichtweise des Lebens, in welcher der Mensch als Teil eines Gesamtsystems betrachtet wird. Hierzu gehört auch das Wirken mit und in der Natur. Zum anderen ist die Waldorfschule eine private Schule, was eine freiere Verteilung der finanziellen Mittel mit sich bringt. Es stellt sich aufgrund dessen die Frage, ob es unter den derzeit vorherrschenden materiellen Wertevorstellungen in der westlichen Gesellschaft zum einen zu einer vierten Schulgartenbewegung kommen kann und zum anderen, ob es möglich sein wird, eine explizite Verankerung des Schulgarten in den Lehrplänen aller Schularten voranzutreiben oder ob der Schulgarten ein Privileg für private Schulen ist.

Meiner Meinung nach reicht es nicht aus, im Grundschulalter mit einer nachhaltigen Umweltbildung zu beginnen. Die Grundlagen für ein Naturverständnis werden bereits in der frühen Kindheit angelegt. Deshalb finde ich es wichtig, dass flächendeckend in allen Kindertagesstätten ein Garten angelegt wird. Waldorfkindergärten bilden, wie auch die Waldorfschulen, eine Ausnahme: Prozesse des täglichen Lebens und in der Natur werden im Innen- und Außenbereich gemeinsam mit den Kindern erlebt.

Abschließend bleibt zu sagen, dass ich es aufgrund der sich immer schneller wandelnden Rahmenbedingungen wichtiger denn je finde, dass Kinder und Jugendliche nicht nur in ihrem Naturverständnis gestärkt werden, sondern insbesondere auch in ihrer Resilienz, um den Anforderungen des Leben gerecht zu werden. Ich denke, dass in diesem Zusammenhang die pädagogische Gartenarbeit eine wichtige Grundlage bilden kann. Ausschlaggebend ist die pädagogische Haltung des einzelnen Lehrers bzw. Erziehers. Dieser entscheidet mit, wie die Vorgaben der Bildungs- und Orientierungs-pläne methodisch-didaktisch umgesetzt werden. Die derzeitige Bildungspolitik lässt hierzu meiner Meinung nach genügend Entscheidungsspielraum, sodass ein Garten - in welcher Form auch immer - seinen Platz finden kann.

5 Literatur- und Quellenverzeichnis

ALISCH, J.-M.: Schulgärten in Baden-Württemberg unter Berücksichtigung struktureller, organisatorischer und personeller Einflussfaktoren. Eine landesweite empirische Untersuchung. Diss., Berlin 2008.

ARCHE-HOFKREIS: Arche-Hof ein Lebens- und Entwicklungsraum für Pflanzen, Tiere und Menschen. Heidelberg 2011.

BENKOWITZ, D.: Authentische Lernumgebungen als Zugang zu Biodiversität – Kompetenzerwerb durch Schulgartenarbeit. In: FEIT, U., KORN, H. (Bearb.): Treffpunkt Biologische Vielfalt IX. Interdisziplinärer Forschungsaustausch im Rahmen des Übereinkommens über die biologische Vielfalt. Bonn – Bad Godesberg 2010, S. 155-159.

BIRKENBEIL, H. (Hrsg.): Schulgärten: planen und anlegen; erleben und erkunden; flächenverbindend nutzen. Stuttgart 1999.

BÖCHER, H. (Hrsg.): Erziehen, bilden und begleiten. Das Lehrbuch für Erzieherinnen und Erzieher. Troisdorf 2010.

BRÄMER, R.: Natur: Vergessen? Erste Befunde des Jugendreports Natur 2010. Bonn, Marburg 2010. abgerufen unter http://www.sdw.de/pdf/Jugendreport%20Broschuere%202010.pdf am 29. 03. 2012 um 13:45 Uhr.

FISCHER, H.-O.: Der Schulgarten im Wandel der Zeit. Berlin 1939.

FREIE WALDORFSCHULE HEIDELBERG.: Informationsbroschüre. Heidelberg 2010.

JACOB, U.: Erziehung, Garten, Menschenbild. 2002. abgerufen unter http://www.kunsttexte.de am 04. 04. 2012 um 16:47 Uhr.

KAISER, C. (Hrsg.): Vom Schatz im Acker. Schulgarten, Landwirtschaft, Ökologie-Naturerziehung an den Waldorfschulen Tübingen und Heidelberg. Tübingen 2003.

KARG, H.-H.: Der Schulgarten. Grundlagen-Möglichkeiten-Grenzen. Hamburg 1998.

KIERSCH, J.: Die Waldorfpädagogik. Eine Einführung in die Pädagogik Steiners. Stuttgart 2007.

KILGER, U.: Schul- und Lehrgärten. Ihre Entwicklung und Bedeutung, die heutige Situation sowie Voraussetzungen und Möglichkeiten ihrer Anlage und unterrichtlichen Verwendung. Diss., München 1981.

KLINGENBERG, K., RAUHAUS, E.-K.: Schulgartenunterricht in Lehrer- und Schülerurteil: Ergebnisse einer empirischen Untersuchung zu Unteressen, Zielen, Kompetenzerwerb und transferiertem Wissen. Braunschweig 2005. abgerufen unter http://www.ifdn.tu-bs.de/didaktikbio/projekte/schulgarten/forschung Klingenberg+Rauhaus_2005.pdf am 17. 03. 2012 um 18:15 Uhr.

LANG, P.: Erziehung im Vorschulalter: Salutogenese und Kompetenzbildung. In: COMPANI, M.-L., LANG, P. (Hrsg.): Waldorfkinder heute. Eine Einführung. Stuttgart 2011, S. 34-62.

LANGE, P.: Einleitung. In: ARBEITSKREIS DER GARTENBAULEHRER: Pädagogischer Gartenbau. Gartenbauunterricht an Rudolf-Steiner-Schulen. Zürich 1993; Heft 1, S. 1-6.

LANGE, P.: Es wird wieder über den Gartenbau gesprochen…In: ARBEITSKREIS DER GARTENBAULEHRER: Pädagogischer Gartenbau. Gartenbauunterricht an Rudolf-Steiner-Schulen. Zürich 1999; Heft 4, S. 6-13.

LEHMANN, A.: Ein neues Konzept für das Fach Gartenbau: Tiergestützte Gartenbaupädagogik. Heidelberg 2012.

LEHMANN, A.: Ein neues Konzept für das Fach Gartenbau. In: KAISER, C. (Hrsg.): Vom Schatz im Acker. Schulgarten, Landwirtschaft, Ökologie - Naturerziehung an den Waldorfschulen Tübingen und Heidelberg. Tübingen 2003, S. 34-38.

LEHNERT. H.-J.: Die Bedeutung von Schulgärten in der Bildungslandschaft der Bundesrepublik Deutschland. Karlsruhe 2002. abgerufen unter http://www.natwiss.ph-karlsruhe.de/GARTEN/prognose.php am 07. 02. 2012 um 16:31 Uhr.

LEHNERT, H.-J.: Schulgartenthemen im Bildungsplan Baden-Württemberg 2004. Karlsruhe 2004.

MLR BADEN WÜRTTEMBERG (MINISTERIUM FÜR ERNÄHRUNG UND LÄNDLICHEN RAUM BADEN-WÜRTTEMBERG) (Hrsg.): Gärtnern macht Schule. Stuttgart 2003. abgerufen unter http://www.mlr.baden-wuerttemberg.de /mlr/Bro/Gaertnern%20macht%20Schule.pdf am 22. 03. 2012 um 14:15 Uhr.

MOZER, N.: Der Schulgarten mit Alternativen für draußen und drinnen. Frankfurt am Main 1989.

ÖSTERREICHER, H.: Natur- und Umweltpädagogik für soziale Berufe. Troisdorf 2008.

PATZLAFF, R., SAßMANNSHAUSEN, W.: Leitlinien der Waldorfpädagogik für die Kindheit von 3 bis 9 Jahren. Teil I. Stuttgart 2007.

SCHENK, I.: Wege zur Naturerziehung als generationsübergreifende Aufgabe. In: GIEST, H. (Hrsg.): Umweltbildung und Schulgarten. Eine Handreichung zur praktischen Umweltbildung unter Berücksichtigung des Schulgartens. Potsdam 2010, S. 11-20. abgerufen unter opus.kobv.de/ubp/volltexte/2010/1653/pdf/giest_schulgarten. pdf am 15. 03. 2012.

STEINECKE, F.: Der Schulgarten. Eine Anleitung zu seiner Einrichtung und Unterrichtlichen Verwendung. Heidelberg 1951.

WALDER, F.: Der Schulgarten in seiner Bedeutung für Unterricht und Erziehung. Deutsche Schulgartenbestrebungen vom Kaiserreich bis zum Nationalsozialismus. Rieden 2002.

WILKEN, H.: Kinder werden Umweltfreunde. Umweltbildung in Kindergarten und Grundschule. München 2002.

WINKEL, G. (Hrsg.): Das Schulgarten-Handbuch. Seelze 1997.

6 Tabellenverzeichnis   Seite

Anhang   Seite

Anhang I: Das „Paradeiß-Gärtlein"

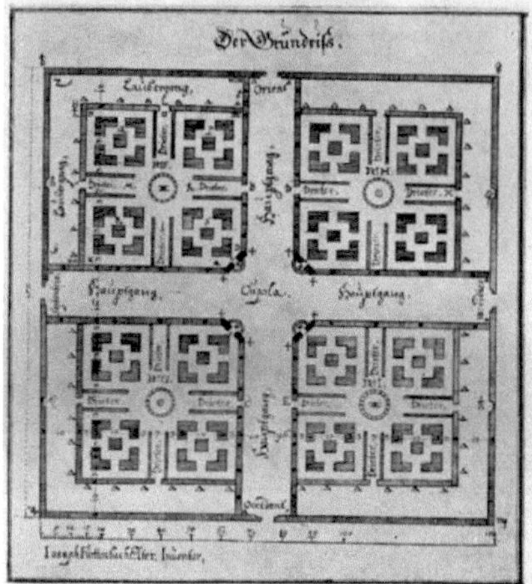

(Quelle: FISCHER 1939, S. 32)

Anhang II: Der Grundriss des Schulgartens

entspricht: B = Der „eigentliche" Schulgarten

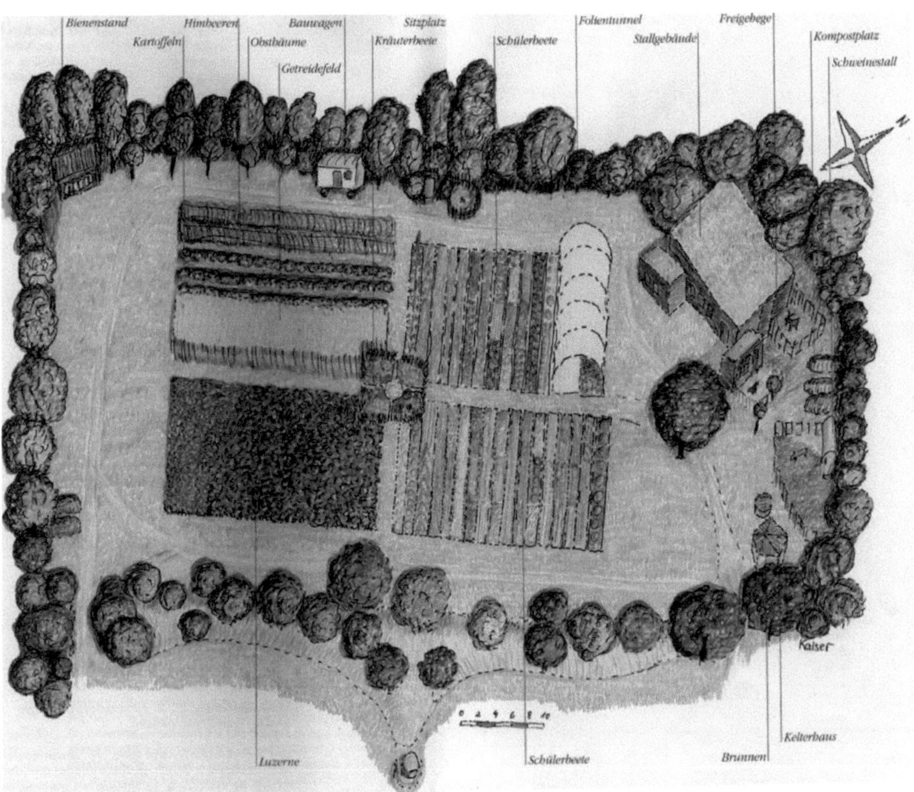

(Quelle: KAISER 2003, S. 81)